RECHERCHES EXPÉRIMENTALES SUR LE NOMBRE ET LES PROPRIÉTÉS DES COULEURS PRIMITIVES ET SUR LA NATURE DU SPECTRE SOLAIRE.

MÉMOIRE TRADUIT DE L'ANGLAIS

DE

WALTER CRUM, ESQ.

ET ACCOMPAGNÉ DE NOTES

PAR

ACHILLE PENOT.

MULHAUSEN,
IMPRIMERIE DE JEAN RISLER ET COMP.
1831.

RECHERCHES EXPÉRIMENTALES

Sur le nombre et les propriétés des couleurs primitives, et sur la nature du spectre solaire.

Des couleurs primitives et de la nature du spectre solaire.

On savait depuis fort long-temps qu'il existe trois couleurs dont le mélange, fait en proportions convenables, peut produire toutes les nuances : ce sont le bleu, le rouge et le jaune, que, pour cette raison, on considérait comme élémentaires, tandis qu'on regardait toutes les autres couleurs comme des composés ou des mélanges de celles-là.

Cette opinion fut, je crois, combattue pour la première fois par le docteur Hooke qui, ayant trouvé qu'un liquide bleu paraissait noir, regardé à travers une liqueur rouge, en conclut que ces deux couleurs seules étaient simples. Son hypothèse, cependant, ne semble avoir été adoptée par aucun physicien; et Hooke lui-même, ayant observé que sa liqueur rouge n'était en réalité qu'un mélange de rouge et de jaune, fut probablement conduit à cette conséquence, qu'il était inutile de s'écarter des explications alors reçues.

Ce ne fut que par suite des célèbres expériences de Newton sur le prisme, que les idées des physiciens sur le nombre des couleurs primitives changèrent complètement. Il fut démontré alors qu'un rayon de lumière, arrivant dans une chambre obscure et passant à travers un prisme, dessinait sur la paroie opposée une image colorée dont les nuances, au nombre de sept, parurent résulter de la décomposition de la lumière elle-même, dont elles seraient alors les principes constituans. Cette décomposition provenant de la différence de réfrangibilité des sept couleurs, et aucune d'elles ne pouvant être séparée en deux autres par un second prisme, Newton en conclut qu'elles étaient toutes élémentaires. Cette opinion ne tarda pas à être généralement adoptée, et elle est encore aujourd'hui presque universellement admise par ceux qui ont répété les expériences qui la firent naître.

Toutefois ce n'est que sur l'expérience du prisme que repose cette hypothèse, tandis qu'une série d'observations faites sur des mélanges de matières colorées nous conduit à n'admettre que trois couleurs primitives, car on doit regarder comme composée toute couleur qui peut être obtenue par le mélange de deux autres, déjà connues et généralement admises comme simples. L'orange, le vert et le violet, trois des sept couleurs du spectre solaire, sont dans ce cas; la première étant composée de rouge et de jaune; la seconde, de bleu et de jaune; la troisième, de bleu et de rouge.

Il faut avouer, il est vrai, qu'aucune des sept couleurs du spectre n'est décomposable par une nouvelle réfraction, et il semble qu'on doit leur appliquer cette règle générale, de regarder comme simple toute substance qu'on n'a pas encore pu décomposer (*a*).

Il ne sera donc pas sans intérêt pour le lecteur d'apprendre que j'ai observé, au moyen du prisme même, une image composée de ces trois couleurs, le bleu, le rouge et le jaune, produite par un des barreaux supérieurs d'une fenêtre, vers lequel j'avais dirigé par hasard un prisme placé près de mon œil. Je traçai ensuite une raye noire sur du papier blanc et, en la regardant à travers le prisme, je remarquai le même phénomène. Frappé de l'importance de cette observation, et voulant concilier des expériences qui paraissaient contradictoires, je poursuivis le même sujet, et quelques nouveaux faits me permirent de tirer les conclusions que j'ai déjà fait connaître.

Je m'occupai de ces recherches bien avant 1822. Mon manuscrit était alors presque achevé, et dans l'état à-peu-près que je le publie aujourd'hui, lorsqu'un ami à qui j'avais montré mon travail, m'informa que le docteur Reade de Cork (*) venait de publier un traité sur les couleurs. Je me procurai cet ouvrage, et je reconnus que j'avais été prévenu non-seulement dans l'observation du fait principal, mais encore dans quelques-unes des conclusions les plus importantes que j'en avais tirées. Ma découverte ne pouvait plus alors paraître nouvelle, et je sentis que je venais de perdre tout titre à la publier.

Voyant cependant, après l'espace de plusieurs années, que les travaux du docteur Reade n'ont pas suffisamment attiré l'attention du public, et que les physiciens con-

(*) Esquisses expérimentales sur une nouvelle théorie des couleurs.

tinuent généralement à admettre l'hypothèse établie depuis long-temps, j'ai pensé que je ne pouvais mieux servir la cause de la science qu'en revenant à ma première intention de publier mes recherches, dans l'espérance que ces expériences et l'évidence qu'elles me semblent produire, feront plus facilement adopter la véritable théorie.

En soutenant la doctrine que les couleurs du spectre sont produites non par la lumière, mais par l'obscurité, je sens combien est glissant le terrain sur lequel je me place. Je recule presque devant cette audacité apparente de différer aussi essentiellement de l'immortel philosophe qui découvrit tant de lois de la nature. Je ne demande pourtant que la permission de me servir, à un faible degré, du privilège de juger dont Newton lui-même usa avec tant de génie et de succès, que sans lui on n'aurait pas su aussitôt que si les autorités sont toujours respectables, la vérité l'est encore davantage.

PROPOSITION I.

Le noir et l'obscurité sont composés de trois couleurs qu'on peut séparer par le prisme.

Première expérience. Placez une bande de drap noir de $\frac{5}{8}$ de pouce de large, et de

4 à 5 pouces de long, sur une feuille de papier blanc posée à terre, et regardez-la à travers un prisme triangulaire tenu près de l'œil, ayant son axe parallèle à la bande de drap et à une distance de 4 pieds. La couleur noire disparaîtra complettement et, à sa place, vous apercevrez les trois couleurs simples, le bleu, le rouge et le jaune. Cet effet est représenté dans la fig. 1, où les couleurs sont placées à-peu-près comme elles se présentent dans l'expérience; à côté est le noir qui les produit. Ces couleurs sont adjacentes, mais ne se mêlent pas vers leurs bords, lorsqu'on les regarde à une distance convenable. Si l'angle réfringent du prisme est en bas, le bleu paraît en haut, le rouge au milieu et le jaune au-dessous. Le bleu et le rouge sont à-peu-près égaux en largeur au noir dont ils proviennent, tandis que le jaune est un peu plus large.

Les deux premières couleurs sont plus foncées vers leur ligne de contact, le rouge devenant plus clair près du jaune, et le bleu le devenant dans une direction opposée. Dans le jaune, la différence n'est pas sensible. Le bleu et le jaune présentent absolument les teintes auxquelles on donne généralement ces noms. Quant au rouge, il ressemble plutôt à la couleur de l'œillet, ou mieux encore de la rose, qu'à ce qu'on appelle communément rouge. Cependant sa présence dans cette expérience, si je parviens à prouver ma première proposition, permet certainement de le regarder comme du rouge pur; car, dans le cas contraire, il serait mélangé de bleu ou de jaune, tandisque ces couleurs en ont été déjà séparées par le prisme (*b*).

L'obscurité produite par un moyen quelconque présente les mêmes apparences, si l'objet est suffisamment étroit (*c*).

Seconde expérience. Faites arriver l'ombre d'un objet étroit sur une feuille de papier blanc, et regardez cette ombre à travers le prisme, comme précédemment. Vous verrez, comme dans la première expérience, du bleu, du rouge et du jaune (*d*).

Ce dernier phénomène, quoique facile à produire, était entièrement inconnu, ou du moins n'avait jamais été publié avant de paraître dans l'ouvrage du docteur Reade et dans quelques articles du même auteur, insérés dans le *London Journals.*

PROPOSITION II.

Le violet du spectre solaire est un mélange de bleu et de rouge, et l'écarlate ou orange, de rouge et de jaune. Le noir

EST PRODUIT PAR UN MÉLANGE EN PROPORTIONS ÉGALES DE BLEU, DE ROUGE ET DE JAUNE.

Troisième expérience. Dans les expériences déjà décrites, on ne remarque point de couleurs composées; mais si, le prisme restant dans sa position, on en approche le ruban noir, les couleurs commencent à se confondre, et donnent lieu à deux nuances complexes, savoir : du violet, lorsque le bleu recouvre le rouge, et de l'orange, lorsque le rouge recouvre le jaune. Si le prisme est placé si près du noir que les extrémités du bleu et du jaune se rencontrent sur le rouge, comme dans la figure 2, on ne peut distinguer un rouge pur dans aucune partie de l'image, à moins que, comme dans la même figure, quelque portion de l'objet ne soit assez étroite pour être toujours entièrement décomposée (*). Tout le rouge est alors converti en violet et en orange.

Lorsqu'on approche le prisme du ruban

(*) Afin de montrer plus distinctement que chaque couleur a la forme et les dimensions du noir qui les produit, j'ai représenté les figures 2 et 3 telles qu'elles paraissent, lorsque le prisme n'est plus parallèle à l'objet observé. Le rouge pur ne se remarque alors qu'aux deux angles où le noir est étroit.

noir, le rouge est recouvert par le bleu à-peu-près deux fois autant qu'il recouvre lui-même le jaune. Le violet et le jaune, dans la figure 2, sont à-peu-près deux fois plus larges que l'orange et le bleu. Toutefois les proportions varient avec l'angle que l'objet regardé fait avec le plan du prisme. Dans notre figure, le jaune paraît un peu plus large que les autres couleurs.

Quatrième expérience. Rapprochez le prisme de l'objet, de manière que les bords du bleu et du jaune viennent se croiser sur le rouge, et vous apercevrez une ligne noire.

On peut donc facilement concevoir que le noir est composé de trois couches transparentes et superposées de couleurs élementaires, bleu, rouge et jaune, que l'œil nu ne peut séparer, mais qui sont inégalement réfrangibles (*e*). Lorsque, en employant le prisme, quelque partie de l'une des couches nous semble se mouvoir, ou être plus réréfractée qu'une autre, son ensemble participe à ce mouvement, et chaque couche reste toujours entière. Ainsi, quelque partie de l'une des couches qu'on voie s'étendre sur les deux autres, cette partie manquera du côté opposé.

Nous avons déjà remarqué, et il est important de le rappeler ici, que lorsque le noir est assez large pour que le bord supérieur du jaune coïncide avec le bord inférieur du bleu, on ne peut voir le rouge que mêlé avec le bleu ou le jaune, et donnant du violet ou de l'orange. Car le bleu tombant sur le rouge d'un côté, et le jaune en fesant autant de l'autre, et ces deux couleurs se rencontrant au milieu, il n'y a point de place que le rouge puisse occuper seul. Ainsi, le rouge et le noir ne peuvent jamais être vus ensemble. Entre la ligne *A B*, figure 3, où le jaune commence à se mêler au bleu, et la ligne *C D*, où le bleu commence à se mêler au jaune, est le noir, parce que dans ces limites on retrouve les trois couleurs primitives, le bleu, le rouge et le jaune.

PROPOSITION III.

Le vert du spectre est composé de bleu et de jaune, par la superposition des extrémités supérieure et inférieure de deux séries de couleurs; et le spectre solaire de Newton est produit, non par la lumière, mais par l'ombre ou l'obscurité qui l'entoure.

Cinquième expérience. Placez de nouveau le prisme à une distance telle du ruban noir, que vous produisiez une image semblable à celle de la 3.e figure, et pendant que vous regardez dans cette position, faites placer un ruban semblable, parallèlement au premier, et à une distance de 2 à 3 pouces. Vous apercevrez une seconde image en tout semblable à la première. Faites alors rapprocher les deux rubans, jusqu'à ce que l'extrémité bleue de l'un se mêle avec l'extrémité jaune de l'autre, et vous verrez du vert aux points de contact. Vous remarquerez en outre qu'entre les deux raies noires, vous aurez produit toutes les couleurs de l'arc-en-ciel, ou du spectre solaire de Newton. Une pareille image est représentée dans les figures 4 et 5, qui montrent facilement que les couleurs au-dessus du noir supérieur, et au-dessous du noir inférieur, sont précisément celles qui se mêlent entre les deux rubans noirs. Si vous mettez les deux rubans encore plus près l'un de l'autre, vous rapprochez les limites de la lumière, le bleu couvre entièrement le jaune, et vous produisez l'image qui a porté le docteur Wollaston à conclure qu'il n'y a pas sept couleurs primitives, mais quatre seulement. (*f*)

Si ensuite vous faites éloigner peu-à-peu les deux rubans, vous reviendrez aux trois couleurs primitives, le bleu, le rouge et le jaune.

Si on veut voir plus distinctement encore

le spectre composé, il faut faire usage de larges bandes de drap, et alors le violet et le bleu qui dépassent d'un côté, ainsi que l'orange et le jaune qui dépassent de l'autre côté, sont portés à une bien plus grande distance de l'image principale. (*g*)

Comme le rouge pur n'entre pas dans le spectre composé que nous avons décrit, il ne peut pas exister non plus dans le spectre solaire, ou dans l'arc-en-ciel ordinaire. J'ai souvent examiné ces deux images pour m'en convaincre, et je n'y ai vu que de l'orange et de l'écarlate, ou orange foncé, lorsque les couleurs étaient très-distinctes. A quoi je dois ajouter que Sir Isaac Newton lui-même emploie souvent le mot écarlate, pour désigner la partie rouge du spectre solaire.

M. Hargreaves, artiste de Liverpool, avait annoncé avant moi l'absence du rouge pur dans ces images, mais sans joindre aucune observation théorique (1). Le rouge du spectre Newtonien n'est donc que de l'orange foncé.

Quant à la dernière couleur, servant à completter le nombre sept, savoir l'indigo ou bleu sombre, le docteur Wollaston a fait voir depuis long-temps combien il était inutile de distinguer deux nuances de la même

(1) Philosophical Magazine, XLIII, 197.

couleur. Je ne puis concevoir d'autre raison de cette distinction que l'idée de completter le nombre de sept auquel, selon l'observation du professeur Leslie (1), le mysticisme a toujours reconnu des qualités particulières (*h*).

L'image de la figure 4 peut être vue en mettant un morceau de papier blanc sur une feuille noire, ou en regardant à travers le prisme un objet éclairé sur un fond obscur; mais j'ai préféré montrer d'une manière moins directe comment les trois couleurs simples se groupent pour former les sept couleurs dont on a supposé que la lumière était composée; faire voir en même temps qu'on peut former un spectre solaire de toutes pièces, et prouver que les trois couleurs élémentaires composent le noir par leur mélange.

Application des expériences précédentes au spectre solaire.

L'identité des images obtenues par Newton dans le spectre solaire et de celles décrites précédemment est rendue évidente par l'expérience suivante, qui présente tous les différents faits que j'ai déjà décrits, et qui peut

(1) Nicholson's Quarto Journal. IV. 397.

montrer d'une manière encore plus satisfaisante, que le spectre lui-même est le produit des trois couleurs simples. Cependant, comme les limites des couleurs, dans le spectre solaire, sont moins distinctes que dans les autres images, on ne doit pas s'attendre à distinguer aussi bien ici les proportions des couleurs, ou la cause de la formation du vert. Mais si je parviens à démontrer que ces couleurs sont essentiellement les mêmes, on ne pourra me faire un reproche d'avoir préféré l'expérience dans laquelle le phénomène se développe de la manière la plus sensible.

Soit *ABCD*, fig. 6, une plaque métallique, de $4\frac{1}{2}$ pouces sur $3\frac{1}{2}$, percée d'une ouverture *EF* de $\frac{1}{4}$ de p^ce^ de large, sur 1 pouce de long. *GH*, *KL* sont des tiges métalliques d'une ligne de large, maintenues à leur place par des ressorts *MM*, qui sont fixés au milieu de la plaque. Deux larges pièces *N*, *O* sont aussi maintenues par ces ressorts et servent à fermer l'ouverture au-dessus ou au-dessous des tiges, lorsqu'on le juge nécessaire. Un volet de fenêtre est remplacé par une large planche à jour, portant l'appareil de manière que les rayons du soleil puissent facilement arriver par l'ouverture *EF*, placée dans une position verticale. On ferme alors complettement la chambre, et on place un large prisme devant l'ouverture. Je me suis servi d'un prisme de verre plan, de 4 pouces de côté et plein d'eau; mais toutes les fois qu'on ne tient pas à une exactitude rigoureuse, on peut employer pour cette expérience un réservoir fait de deux morceaux de Crown-glass ordinaire, retenus sous un angle de 60° dans une bande d'étain dont les bords sont lutés avec un mélange de cire vierge et de poix.

La figure 7 représente l'appareil dans cette disposition. *A* et *C* sont les extrémités de la plaque métallique fixées dans le bois et à la fenêtre : *PQR* est le prisme, placé aussi près que possible de l'ouverture. Un morceau de papier blanc *ST* situé à une distance de 7 à 8 pouces du prisme, est destiné à recevoir l'image de l'ouverture *EF*, ainsi que les ombres des deux tiges, colorées comme on le voit dans les séries suivantes; ce papier reste toujours blanc entre deux séries de couleurs.

Première Série:

Au haut	violet, (*i*) bleu.
Ombre de la tige supérieure .	jaune, rose, bleu.

Ombre de la tige inférieure . { jaune, rose, bleu.

En bas . . . . { jaune, orange.

Les extrémités supérieure et inférieure de la figure 3 présentent les mêmes nuances que le haut et le bas de l'ouverture dans la figure 7; quant à la figure 1, elle donne exactement l'ombre colorée des deux tiges.

Portez à présent votre écran plus près du prisme, jusqu'à ce que le rose des tiges se convertisse en orange, ainsi que cela a lieu dans la partie inférieure de l'ouverture, et l'image de chaque tige deviendra semblable à celle de l'expérience 3. La série des couleurs paraîtra alors ainsi :

Seconde Série :

Au haut . . . . { violet, bleu.

Tige supérieure . . . . . . { jaune, orange, violet, bleu.

Tige inférieure . . . . . { jaune, orange, violet. bleu.

En bas, ... { jaune, orange.

Mettez ensuite la large pièce de métal *N* en contact avec la ligne *G H*, vous fermez une des ouvertures et vous voyez disparaître toutes les couleurs au-dessus du violet de la tige supérieure; mais le violet et le bleu de cette tige restent exactement comme avant.

Agissez de même à l'égard de l'ouverture inférieure, et les couleurs au-dessous de l'orange de la tige inférieure disparaîtront, de sorte que vous aurez :

Troisième Série :

Tige supérieure . . . . . { violet, bleu.

Tige inférieure . . . . . { jaune, orange.

avec du noir au-dessus et au-dessous, et du blanc au milieu. Si vous diminuez encore l'ouverture en rapprochant les tiges, le blanc disparait, et du vert commence à se montrer là où le jaune recouvre le bleu. Ou, sans diminuer l'ouverture, si l'écran est porté à une distance convenable, les couleurs s'élargissent et le vert est produit de la même manière. Vous aurez alors :

Quatrième Série.

Tige supérieure . . . . . { violet, bleu, vert.

Tige inférieure . . . . . { vert. jaune, orange.

ce qui offre les nuances de l'arc-en-ciel, ou du spectre solaire. (*k*)

Il me parait donc clairement démontré par cette expérience, et surtout par celles qui précèdent, que je regarde comme plus propres encore à faire sentir la transition d'une série à l'autre.

1.° Que les deux systèmes de couleurs du milieu de la première série sont dus aux ombres des tiges;

2.° Que les deux nouvelles couleurs de ces tiges, dans la seconde série, savoir : l'orange et le violet sont produites par la superposition des couleurs composant la première série;

3.° Que les couleurs de la troisième série sont la moitié de chaque système de couleurs des tiges de la seconde série;

4.° Que le vert de la quatrième série est produit par la réunion du jaune et du bleu de la troisième.

Ainsi le spectre solaire a été formé par les ombres colorées des deux tiges; chacune de ces ombres consistant en trois couleurs seulement, bleu, rouge et jaune.

Une autre preuve que l'arc-en-ciel est une double image et que l'ordre des couleurs y est interverti, c'est que dans l'ombre colorée de la tige, le bleu parait moins réfracté que le rouge, tandis que dans le spectre solaire il l'est davantage.

Je regarde les expériences que j'ai décrites comme conduisant à cette conséquence, que le blanc ne contient aucune couleur. Il convient cependant, pour plus de sûreté, d'examiner les faits qu'on a regardés comme des preuves incontestables de la théorie reçue; et nous verrons que non-seulement ils y sont contraires; mais encore qu'ils démontrent rigoureusement que les couleurs primitives du prisme sont produites par l'ombre.

La circonspection extrême que Newton apporta dans la création de sa théorie et la beauté des expériences sur lesquelles il la fonda, durent entrainer tout le monde à une époque où on ne pouvait donner aucune explication raisonnable de ce phénomène. Une apparence de démonstration sembla rendre évidente la nature composée de la lumière, et l'attention des savans ne paraît pas s'être portée depuis sur cette partie de la science, qu'ils ont regardée comme complette. D'ailleurs les objections présentées par les contemporains mêmes de Newton, ne firent qu'ajouter, par leur peu d'intensité, à la réputation de cette théorie.

Depuis on l'adopta avec confiance, ainsi que toutes ses applications. Le vert du spectre, par exemple, fut déclaré une couleur simple, quoique nous en voyons une infinité d'espèces, différant non-seulement parce qu'elles sont plus ou moins foncées, mais encore par la nuance qui tire quelquefois sur le bleu et d'autrefois sur le jaune, et quoique cette même couleur s'obtienne chaque jour par le mélange du bleu et du jaune, soit qu'on prenne ces deux couleurs matérielles, ou qu'on les tire du spectre solaire.

---

1. De l'impossibilité supposée de décomposer aucune des couleurs du prisme.

Nous nous occuperons d'abord de cette observation de Sir Isaac Newton, que le violet, le vert et l'orange prismatiques, ou, comme il les appelle, *homogènes*; et toutes leurs teintes intermédiaires, sont aussi indécomposables que le bleu et le jaune par une double réfraction; c'est-à-dire, que le violet, quand on le regarde à travers un second prisme, n'est pas décomposé en bleu et en rouge; ni le vert, en bleu et en jaune; ni l'orange en rouge et en jaune : d'où il conclut que ces couleurs, comme le bleu et le jaune, sont primitives et ne sont décomposables par aucun moyen quelconque.

Lorsque le spectre solaire est porté sur un écran, cette image est plus ou moins étendue et les couleurs qu'elle présente dans son milieu sont plus ou moins mêlées, selon la distance à laquelle l'écran se trouve du prisme.

Soit *A B C*, figure 8, un prisme sur lequel on fait tomber un rayon de lumière, et soient les espaces *D E* occupé par le rayon violet; *E F*, par le bleu; *F G*, par le jaune, et *G H*, par l'orange. Le cône *K F L*, selon lequel le bleu et le jaune se croisent, est vert, et le cône *B F C* est blanc. Un écran placé en *M* reçoit un spectre complet; en *N* le spectre manque de vert, et on a en *O* une image présentant du blanc au milieu, sans vert, ayant du violet et du bleu au-dessus, du jaune et de l'orange au-dessous. J'ai souvent observé ces images, et l'absence totale du vert dans la ligne *D N*, lorsque les autres couleurs sont très distinctes, est une preuve suffisante du mode de production de cette couleur et de sa composition.

Un second prisme produit sur le spectre solaire le même effet que la distance de l'écran au premier. Si le second prisme est placé de manière à augmenter la réfraction produite par le premier, le spectre s'agrandit et les couleurs sont encore plus mêlées vers le centre. Mais si on le fait tourner sur son axe, jusqu'à ce qu'il réfracte les rayons d'une manière contraire, l'effet est opposé, et on obtient un spectre sans vert, ou même entièrement incolore. Ainsi, le second prisme ne sert qu'à augmenter ou à diminuer la réfraction du premier.

Ce fait une fois constaté, on concevra facilement, de la manière que le prisme agit sur un objet noir (fig. 3), qu'aucune séparation entre le rouge et le jaune d'un côté et le rouge et le bleu de l'autre n'est possible aussi long temps que le noir (qui contient ces couleurs) touche par le haut et par le bas à la lumière, comme dans la chambre obscure; ou tant que, comme dans la fig. 5, le prisme ne peut pas le décomposer entièrement. Le jaune est évidemment transporté au bas du rouge par un second prisme; mais ce jaune, soit qu'il n'ait point de limite supérieure, ou que cette limite soit très-éloignée, est au même instant remplacé en bas par une autre partie.

Pour le vert, la décomposition par un second prisme est complette. Le spectre en a été dépouillé par Newton lui-même et par d'autres physiciens. Dans l'expérience 2, livre 1, 2e partie de l'optique (de Newton), le spectre a été reçu sur une lentille et concentré à son foyer. Un morceau de papier placé dans une direction oblique, n'importe en quel endroit, entre le foyer et la lentille, recevait le rouge et le jaune d'un côté et, placé dans la direction contraire, il recevait le violet et le bleu de l'autre côté. D'ailleurs l'ordre des couleurs dans les anneaux colorés formés entre deux prismes pressés l'un contre l'autre est : « blanc, bleu, violet, noir, rouge (*l*), orange, jaune, blanc, bleu, violet etc. (1). » Ordre dans lequel les couleurs du noir apparaissent, quand on en approche le prisme, comme dans la fig. 3. Le vert ne peut s'appercevoir là où on voit du blanc, c'est-à-dire, où les spectres ne sont pas en contact. Mais si les anneaux sont assez rapprochés pour que le blanc disparaisse, le vert se montre formé par le mélange de bleu et de jaune.

Le vert et l'orange formés par la superposition des deux spectres, et par conséquent composés, sont aussi indécomposables que les autres couleurs, par un second prisme.

Ritter d'Jena ayant reçu une image sur un écran placé à quatre pouces du prisme, remarqua qu'il y avait réellement deux spectres que les physiciens avaient jusque là

(1) Optique de Newton, livre II, 1.re partie.

confondus en un seul, trompés qu'ils étaient par la fusion de ces deux prismes vus à une grande distance (1).

---

2. Composés produits par le mélange de diverses couleurs.

A. Mélange de poudres colorées. Dans le compte que Newton a rendu des différentes expériences qu'il a faites pour prouver que la lumière, ou le blanc peuvent être produits par un mélange de poudres des sept couleurs simples, il avoue n'avoir jamais obtenu un blanc réel. « En mêlant « des poudres semblables, dit-il, nous ne « devons pas nous attendre à produire un « blanc pur, comme celui du papier; mais « un blanc obscur, tel qu'il résulterait d'un « mélange de lumière et d'ombre, ou de blanc « et de noir; c'est-à-dire, un gris, une teinte « sombre, un brun roussâtre, semblable à « la couleur d'une souris, des cendres, des « pierres ordinaires, du mortier, de la pous- « sière et de la boue des grands chemins, « etc. etc. Et j'ai souvent produit ce blanc « obscur en mélangeant des poudres colorées. » Il en donne pour raison que « chaque poudre « colorée absorbe une grande partie de la

---

(1) Journal de Nicholson, VIII, 214.

« lumière qui l'éclaire. » Newton décrit plusieurs mélanges capables de produire ces nuances, et il ajoute : « ces couleurs grise « et brune peuvent aussi être produites en « mêlant le blanc et le noir, et par consé- « quent ne diffèrent pas du vrai blanc par « la couleur, mais seulement par défaut de « lumière. » Enfin, pour dernière preuve, il fait voir qu'un papier blanc placé à l'ombre, a la même apparence que le mélange de poudres exposé à une vive lumière, et il ajoute que « ces teintes ne diffèrent du plus « beau blanc que par une moindre quantité « de lumière qui les éclaire. » (1)

Aujourd'hui encore beaucoup de personnes pensent que nous produirions un blanc parfait avec des poudres colorées, si nous pouvions les soustraire à leur ombre propre et les mélanger dans des proportions convenables. (*m*)

B. Mélange de matières colorées transparentes. Il semble, d'après les extraits que nous venons de faire, qu'il importerait peu à Newton, s'il ne fallait soutenir sa théorie, de dire que la nuance qu'il a produite s'approche du blanc ou du noir. Il compare son mélange à quantité de substances brunes ou grises, et il concilie cela avec sa théorie en supposant qu'un mélange de

(1) Optique. livre 1. 2.e partie, expér. 15.

blanc et de noir n'est pas une couleur différente du blanc lui-même. Mais la question étant ici de savoir si c'est le blanc ou le noir qui est la source des couleurs, il est clair qu'on ne peut pas lui laisser une pareille latitude.

En recherchant par l'expérience quelles sont les couleurs matérielles dont le mélange peut former le blanc, nous voyons que ces couleurs doivent se rapprocher autant que possible de celles que le blanc lui-même semble fournir par le prisme. On peut prendre pour modèle les couleurs du spectre solaire dans une chambre obscure, ou (ce qui vaut encore mieux, parce qu'on n'y voit aucun éclat de lumière, et qu'on l'imite plus facilement) les couleurs que nous voyons en regardant à travers le prisme un objet blanc sur un champ noir (fig. 5).

Les expériences de Newton ont été faites au contraire avec des matières très-brillantes. Ce grand physicien nous apprend qu'il abandonna l'usage du minium, qu'il remplaça avec avantage par l'orpiment, le pourpre vif des peintres, le vert-de-gris et le bleu, et qu'il obtint ainsi une teinte « semblable aux cendres ou au bois nouvellement coupé. »

Ces couleurs présentent encore une différence essentielle : celles du prisme sont transparentes, tandisque celles des poudres sèches sont opaques. Les couleurs transparentes, lorsqu'on les superpose mutuellement sur un même fond, donnent la somme de leurs intensités, tandisque les dernières, vues à côté les unes des autres, ne peuvent fournir qu'un septième de cette somme.

Les couleurs à l'eau sur le papier, ou les couleurs teintes sur le drap, présentent tous les avantages que nous pouvons désirer. Avec ces couleurs, égales en intensité à celles que j'ai proposées pour exemple, et comprises dans un espace égal au blanc qui les produit, bien loin d'avoir du blanc, j'ai obtenu un noir parfait (*n*). Cependant, selon Newton, le blanc résulte de la composition de la lumière, et comme plus le blanc est pur, plus les couleurs auxquelles il donne lieu sont foncées, nous devrions nous attendre à ce que les couleurs les plus foncées devraient donner, par leur mélange, le blanc le plus parfait. Or il est bien connu des peintres et de toutes les personnes qui se sont occupées de couleurs, que le contraire a lieu, et que les sept couleurs du spectre, ou ce qui revient au même, le bleu, le rouge et le jaune même légèrement foncés, donnent du noir par leur mélange sur le papier. Ceux qui soutiennent la théorie de Newton admettent aussi ce fait, quoiqu'il paraisse lui être diamétralement opposé, non-seulement dans la production du blanc par toutes les couleurs en général, mais aussi dans l'effet qu'il semble qu'on devait en attendre d'après le mélange des poudres colorées; et ils s'efforcent d'expliquer le fait par cette hypothèse, que chaque corps réfléchit lui-même la couleur qu'il nous montre et absorbe toutes les autres.

Pour voir si cette hypothèse est soutenable, on doit faire attention aux quantités sans lesquelles aucune observation n'est complette ni satisfaisante. Soit une quantité de lumière solaire tombant sur un pouce carré de papier blanc, placé sur un champ de drap noir, nous aurons un pouce carré de lumière. Comme chaque point de l'espace blanc doit contenir un point de chacune des sept couleurs dont on prétend que la lumière est composée, il en résulte que cette quantité de lumiere contient un pouce carré de chacune de ces sept couleurs. Pour obtenir l'intensité réelle de chacune des sept couleurs composant le blanc, regardez le papier à travers le prisme, à une distance telle qu'il vous paraisse coloré comme le milieu de la figure 5.

Appliquons à présent au pinceau une couleur bleue sur ce pouce carré de papier blanc, la lumière sera complettement décomposée; six de ses principes constituans seront absorbés, et un seul, le bleu, réfléchi. Si nous appliquons ensuite une couche de jaune sur ce même fond carré, le résultat devrait être un noir parfait; car le jaune, qui est aussi capable de décomposer son équivalent (en grandeur) de lumière, et d'absorber une quantité équivalente de chaque couleur, n'a plus à exercer ce pouvoir que sur une seule de ces quantités, le bleu (les autres étant déjà absorbées), et doit s'opposer à toute réflexion de lumière. Le résultat cependant est vert, quoique le vert soit une des six couleurs qui sont entièrement absorbées et par le bleu et par le jaune.

C. *Mélange des couleurs du spectre.* Lorsqu'on mêle ensemble les couleurs du spectre, les effets produits semblent, à la première vue, favorables à la théorie de Newton sur les couleurs, et cependant ces effets prouvent réellement qu'il est inutile d'admettre plus de trois couleurs simples. Les rayons bleu et orange, ou les rayons violet et jaune, lorsqu'on les mêle, en superposant deux spectres solaires en ces points, produisent du blanc. Mais ce n'est pas là une preuve que les *couleurs* de ces rayons constituent le blanc, ou que, dans cette expérience, leur mélange produise un composé contraire à ce qui a été obtenu dans les expériences précédentes. Car, dans la supposition que l'obscurité est le produit ordinaire d'un pareil mélange, il est certain qu'on ne pourrait pas l'apercevoir dans ce cas, puisque le soleil brille d'un double éclat dans la partie même de l'écran où devrait être l'ombre.

Par la même raison, les rayons vert et violet pris ensemble donnent du bleu; le violet et l'orange, du rouge; le vert et l'orange, du jaune. Ici les trois couleurs simples, élémens de l'ombre, sont détruites dans chaque cas par la lumière, tandis que celle qui se trouve répétée s'aperçoit seule.

Ainsi, un prisme contrarie l'effet d'un autre. Placez un prisme dans une position telle que vous y voyez une image tricolore produite par un objet noir; regardez alors ce prisme et l'image qu'il porte à travers un second prisme, placé à une petite distance, et dont l'angle réfringent soit dans une direction contraire à celui du premier, l'image reparaît noire. C'est justement là le contraire de la célèbre expérience par laquelle Newton a recomposé la lumière. Les deux faits proviennent de la même cause, savoir : que deux prismes triangulaires équilatéraux équivalent à un seul à surfaces parallèles qui ne peut point produire de réfraction. Ces deux expériences sont donc également favorables aux deux théories (*o*).

On aperçoit aussi du noir, lorsqu'on regarde le rayon violet du spectre à travers un verre jaune; ou l'écarlate à travers un verre bleu, ou le vert à travers un verre rouge. L'expérience peut être variée de différentes manières, en plaçant des verres de diverses couleurs entre le prisme et l'objet noir. Deux couleurs simples en donnent une composée; trois donnent le noir.

Le noir est donc le produit constant du mélange des trois couleurs simples, matérielles ou prismatiques, lorsque la lumière qui les accompagne n'est pas plus forte que celle qui éclaire les autres parties de l'écran. Et, lorsque ces couleurs sont accompagnées d'une lumière trop vive (comme celle qu'on obtient par l'action simultanée de deux prismes), leur mélange conduit à de telles contradictions dans la théorie de Newton, qu'on ne peut les expliquer, lorsqu'on veut trouver dans la science des couleurs cet ensemble qu'on remarque dans d'autres parties de nos connaissances naturelles. Si les rayons violet et vert sont homogènes ou simples, le bleu qu'ils produisent en est composé, quoique le bleu soit aussi une des couleurs élémentaires du spectre. On pourrait, par la même raison, regarder le rouge comme composé de violet et d'orange, et croire que l'orange et le vert donnent du jaune. Nous voyons donc que le vert serait, dans un cas, composé de bleu et de jaune, et dans un autre, un élément. Il y aurait donc aussi trois espèces de blanc : un, composé de bleu et d'orange; un autre, de violet et de jaune; le troisième, des sept couleurs du spectre.

---

3. De l'apparence de différentes matières placées dans ce qu'on appelle les rayons homogènes.

Un autre fait important dans la théorie de Newton, c'est qu'une substance d'une couleur quelconque, placée dans un des rayons du spectre, paraît toujours de la couleur de ce rayon, la sienne propre disparaissant presque complettement. Ce fait a été donné comme une preuve de cette hypothèse, bien connue de Newton, que la couleur d'un corps est due à la propriété qu'a ce corps de décomposer la lumière blanche qu'il reçoit, d'absorber une partie de cette lumière et d'en réflechir seulement la couleur qu'il affecte lui-même. Lorsqu'on fait tomber un rayon *homogène* sur une poudre colorée, dans une chambre obscure, on ne peut apercevoir la couleur de cette poudre, parce que, dit-on, il n'y a pas là de lumière blanche qui puisse être décomposée. Cette poudre ne peut donc nous offrir que la couleur seule du rayon sous l'influence duquel elle se trouve.

Il me semble que les expériences suivantes de Kepler et de Zucchius, citées par le docteur Wells(1), et que chacun peut répéter aisément, suffisent pour renverser cette théorie. Selon Kepler, la lumière est réfléchie sans couleur par la surface des corps colorés; fait dont il s'est assuré en exposant à la même lumière quelques vases pleins de liquides transparens et de couleurs différentes, et en recevant la lumière réfléchie sur un champ blanc, dans un lieu obscur. Zucchius a trouvé que, lorsque la lumière était dirigée sur un verre coloré, la partie réfléchie par la surface supérieure était absolument sans couleur, tandisque celle réfléchie par la surface inférieure était de la même couleur que le verre (*p*).

Il semblerait donc que, si la lumière est formée de certaines couleurs, et si elle donne ensuite lieu à celles des corps, ce n'est pas parce qu'elle en est réfléchie, mais parce qu'elle les traverse; ou, en d'autres termes, que la lumière qui est décomposée

(1) De la couleur du sang. Trans. philos. 1797.

par les corps capables de prendre une couleur est transmise et non réfléchie.

L'expérience dans la chambre obscure ne se fait que par reflexion, et ne peut donc pas expliquer la couleur des corps, qui n'a lieu que lorsque la lumière est transmise. Il faut observer aussi qu'un rayon quelconque du spectre, transmis à travers des verres de différentes couleurs, perd son caractère d'élément. Soit un rayon, le jaune, par exemple, tombant sur un verre bleu, dans une chambre obscure. Si une portion est réfléchie, cette portion paraît jaune, comme le rayon incident, parce qu'aucun rayon, pas même le blanc, n'est altéré par réflexion sur une surface colorée bien polie. Mais le rayon transmis est vert, couleur qui provient du mélange de celle du verre avec celle du rayon. Cependant le rayon jaune *homogène* transmis ne contient point de bleu, et ne peut pas par conséquent communiquer cette couleur au verre. D'où vient donc le bleu? Concluons que le verre le contient lui-même, et que cette couleur est rendue visible pour nous, lorsque nous en recevons la lumiere transmise. Concluons aussi que chaque rayon du spectre est formé de sa propre couleur et de lumière dont quelques propriétés, il est vrai, sont changées, mais dont la constitution n'est point altérée.

Tout rayon coloré est donc un composé dont la lumière est un élément.

Je pense que les premières expériences ont été faites sur des substances en poudre, et qu'alors les effets ont été tout autres, parce que le rayon réfléchi était plus ou moins nuancé par la couleur du corps réfléchissant. Il est facile d'en déterminer la cause, lorsqu'on examine la différence entre une substance polie et la même substance en poudre. Soit d'une part du sulfate de baryte cristallisé, et de l'autre le même sel précipité par l'acide sulfurique de l'hydrochlorate de cette base. Dans le premier cas, nous avons un seul cristal dont la surface polie peut nous montrer par réflexion l'image d'un corps, que nous pouvons aussi y voir par transmission. Dans le second cas, nous avons une multitude de petits cristaux trop petits pour être distingués, dont les surfaces ont des inclinaisons aussi variées qu'elles sont nombreuses; chacune d'elles réfléchissant une faible partie de l'objet qu'on leur présente. Ces parties que nous voyons peuvent, presque dans chaque cas, passer à travers plusieurs cristaux avant d'arriver à notre œil, ou après avoir été réfléchies par celles de ces surfaces qui ont des inclinaisons capables de leur donner cette direction.

Ainsi la lumière qui est réfléchie par une

substance en poudre, est aussi transmise à travers cette substance, et lorsque la poudre est colorée, la lumière doit l'être aussi. C'est ce qui a fait penser à Newton que les rayons *homogenes* deviennent plus foncés, lorsqu'ils sont réfléchis par des poudres de leur propre couleur. Avec un seul cristal, on n'a point de pareille transmission, et par conséquent point de couleur.

On conçoit donc que les poudres ne sont pas propres à ces expériences. Lorsqu'on veut voir si la lumière est changée dans sa nature par la réflexion d'une surface colorée, on doit employer des surfaces qui permettent de distinguer facilement la lumière réfléchie de la lumière transmise.

Au reste, aucune expérience peut-être n'est plus propre à renverser la théorie de Newton, que celle qu'on cite pour l'appuyer, c'est-à-dire de placer un objet coloré dans un rayon quelconque du spectre. On dit, par exemple, que le vert-de-gris, dans les circonstances ordinaires, décompose la lumière, réfléchit le rayon vert et absorbe tous les autres. Plaçons-le dans le rayon rouge; le rouge doit être absorbé par une substance qui n'est capable de réfléchir que le vert. Cependant le rouge est la seule couleur qu'on aperçoive, légerement nuancée en vert par le vert-de-gris (*q*).

THÉORIE DE LA PRODUCTION DES COULEURS DANS LE PRISME.

La théorie de la décomposition supposée de la lumière, par son passage à travers un prisme, est la plus simple qu'on puisse imaginer; et j'ai déjà fait voir qu'une théorie semblable pouvait dans tous les cas s'appliquer au noir, lorsque j'ai démontré que l'obscurité est la source des couleurs. Cependant une expérience que j'ai faite avec l'appareil fig. 6 et 7, m'a convaincu que la différence de réfrangibilité des trois couleurs qui le composent, ne suffit pas seule pour décomposer le noir. Dans cette expérience, les tiges *G H* et *K L* furent enlevées de l'ouverture *EF*, de manière à laisser libre l'admission de la lumière sur le prisme *P Q R*. Une de ces tiges étant alors placée dans la lumière blanche entre le prisme et l'écran *S T*, produisait une ombre colorée qui variait d'un spectre simple à un spectre composé, suivant la distance de l'écran, comme dans l'expérience avec le même appareil, déjà détaillée. Ici la lumière a traversé le prisme avant la formation des couleurs, et certainement on ne peut pas admettre que la tige projette son ombre sur l'écran à travers le prisme. Cette expérience prouve que la lumière, si elle ne contient pas elle-même les couleurs, est cependant nécessaire à leur production. Elle est altérée en passant à travers le prisme, de manière qu'un objet noir, placé dans ses rayons incolores, projette sur l'écran placé derrière lui une image colorée en bleu, en rouge et en jaune. Ce changement est-il un des caractères essentiels de la lumière, ou la lumière peut-elle se mouvoir en différens sens, de manière que ses rayons se croisent mutuellement dans un même faisceau ; c'est, je crois, ce que l'expérience ne nous a pas encore appris. Peut-être la lumière *prismatique* a-t-elle des propriétés analogues à celles de la lumière polarisée.

Je ne connais pas dans la science de sujet qui ait plus besoin d'être étudié, et qui puisse récompenser plus richement l'expérimentateur, par les applications nombreuses que ne manqueraient pas de recevoir les vérités qu'il pourrait découvrir. Il me semble qu'on devra faire ces recherches en admettant la nature composée de la lumière, comme nous l'avons démontrée. Attribuer le phénomène au principe des interférences ne me paraît pas le rendre plus intelligible, et nous avons vu dans toutes nos expériences que le spectre tricolore est la source de l'arc-en-ciel, et doit être expliqué de même.

Il est un autre fait intéressant qu'on me

paraît avoir mal saisi, et dont je donnerai l'explication. On représente ordinairement les rayons de lumière dans leur passage à travers le prisme, comme si la décomposition avait lieu à leur entrée dans le prisme, ce qui ferait supposer qu'une seule réfraction suffit pour produire les couleurs du spectre. On a même cité, dans quelques ouvrages élémentaires, la réfraction de l'eau dans l'air, pour expliquer l'action du prisme, disant qu'alors on devrait apercevoir différentes couleurs, à cause de l'inégalité de réfraction; mais que le phénomène est rendu insensible seulement par une trop grande quantité de lumière. Cependant nous n'avons aucune preuve de la séparation des rayons dans ces diverses circonstances; et comme la question est importante, je rapporterai une expérience qui démontre la nécessité de deux surfaces pour produire le spectre.

Une ligne noire (fig. 9), parallèle à l'axe du prisme ABF, et en contact avec l'un de ses côtés, paraît sans couleurs, lorsqu'on la regarde d'un point quelconque B de la ligne BC, même avec un microscope. Dans cette position il n'y a qu'une seule réfraction en B, comme si la ligne se trouvait dans le verre même. Mais si on place la ligne en D. à $\frac{1}{4}$ de pouce environ de la ligne AE du prisme, et qu'on la regarde d'un point G, la réfraction se faisant aux points E et F, la ligne noire paraît colorée, quoique la déviation des rayons de la ligne soit moindre que dans le cas précédent. On sait bien, d'ailleurs, qu'on n'observe pas les effets du prisme en regardant un objet à travers plusieurs pieds d'une eau claire, sous quelque angle que ce soit. En opérant avec un prisme de verre de $1\frac{1}{2}$ pouce de large, je n'ai point remarqué de différence dans le pouvoir réfracteur, entre la partie la plus large et la partie la plus étroite de cet instrument.

Classification des couleurs.

D'après tout ce qui précède, on peut classer les couleurs en cinq divisions, suivant leur composition :

1.° Trois couleurs simples ou primitives,

bleu,
rouge,
jaune.

2.° Trois couleurs composées chacune de deux élémens en proportions égales, ou dans lesquelles une des couleurs simples sature (*saturates*) l'autre. On peut les regarder comme des couleurs neutres binaires :

Violet, composé de bleu et de rouge;
Vert, — de bleu et de jaune;
Orange, — de rouge et de jaune.

3.° Un composé triple et en proportions égales de bleu, de rouge et de jaune : noir.

On doit ranger dans la même classe les gris qui ne sont que du noir affaibli par un mélange de blanc.

On me demandera peut-être pourquoi je donne à toutes ces nuances le nom de couleurs, quoique plusieurs ne soient pas désignées sous ce nom dans le langage ordinaire. Je répondrai que j'ai dû le faire ainsi, pour ne pas laisser incomplette la classification des couleurs simples et de leurs composés.

4.° Un grand nombre de couleurs composées de deux autres, dans des proportions inégales, comme le cramoisi formé de rouge et d'un peu de bleu; l'écarlate, de rouge et d'un peu de jaune; l'or, de jaune et d'un peu de rouge, etc.

5.° Une grande variété de couleurs sombres, contenant les trois couleurs élémentaires en proportions inégales, comme les bruns, les olives, etc.

Explication des figures coloriées.

Fig. 1. L'objet noir, regardé à travers le prisme triangulaire, disparaît et se trouve remplacé par une image coloriée semblable à celle qui est à son côté. Lorsqu'on fait cette expérience, le prisme doit être placé, par rapport à l'objet noir, comme on le voit en *P* (fig. 10), *B* étant cet objet. L'œil est appliqué en *E*, et en regardant dans la direction *EC*, on aperçoit l'image coloriée.

La distance à laquelle on doit placer le prisme de l'objet, dépend de la largeur de ce dernier. Pour $\frac{7}{8}$ de pouce, largeur choisie dans notre expérience, l'effet de la figure 1 est produit à une distance d'environ 4 pieds.

Fig. 2. Cette figure représente l'objet incliné comme on le voit dans la figure, et regardé à travers le prisme à une demi-distance.

J'ai cherché à faire ressembler autant que possible la figure 1 au nouveau spectre; mais j'ai trouvé si difficile d'imiter les images composées, que j'ai dû me contenter d'appliquer les couleurs uniformément. Leur contour est assez correct, mais leur intensité ne l'est pas, et devrait varier comme dans la figure 1.

J'ai remarqué encore une autre différence, c'est qu'on aperçoit du blanc entre les angles colorés des figures 2 et 3. Ceci n'arrive pas avec le prisme ; cet espace est toujours un peu coloré ; car les couleurs ne se séparent jamais entièrement, même avec la ligne noire la plus étroite. Mais voyant que je ne pouvais imiter cet effet sur le papier, j'ai voulu en prévenir ici, par égard pour ceux qui ne répéteront pas l'expérience. Dans les dessins, les couleurs sont un peu plus isolées que par le prisme, et par la même raison.

Fig. 3. Cette image est fournie par le même objet noir regardé encore de plus près. On y voit du noir là où les trois couleurs coïncident. Ici le noir est réellement produit par le mélange des trois couleurs, et le violet et l'orange par deux d'entr'elles.

La figure 4 représente l'effet obtenu en plaçant deux objets noirs l'un près de l'autre. Le vert apparaît là où les couleurs se croisent.

Il est à remarquer que si on place un morceau de papier blanc, comme celui compris entre ces deux objets noirs, sur un fonds de papier noir, on produira une série de couleurs semblable à celle qui apparaît entre les deux lignes noires dans cette image. Or, si vous prenez un morceau de papier blanc et que vous en éclairiez une partie par le soleil, lorsque le reste est dans l'ombre, vous obtiendrez les mêmes couleurs, en regardant la partie éclairée à travers le prisme. Chaque nuage blanc fournit les mêmes nuances sur un ciel obscur, si ses deux extrémités horisontales ne sont pas trop distantes; et un arc-en-ciel blanc, regardé à travers le prisme, donne un arc-en-ciel coloré. Toutes ces images ont été tracées d'après le spectre simple de la fig. 1. Nous y avons vu qu'elles se réduisaient à trois couleurs provenant du noir ou de l'obscurité.

Fig. 5. Le cercle blanc fait au milieu de la ligne représente l'ouverture faite au volet d'une chambre obscure. Le demi-cercle au haut de la ligne représente la moitié inférieure de l'ouverture, et celui au bas de la ligne, l'autre moitié. Nous avons ici le même résultat que dans la figure 4; les couleurs prenant, comme à l'ordinaire, la forme de l'objet noir qui les produit. Il est clair que si les couleurs du haut se croisent avec celles du bas, elles doivent produire une image semblable à celle du milieu.

Si les couleurs, dans le spectre solaire de Newton, ne donnent pas une forme pareille, c'est une preuve combien la dispersion s'oppose à ce qu'on les distingue. Plus l'écran sur lequel on reçoit l'image est placé près du prisme et de la fenêtre, plus les couleurs sont distinctes, et plus leur forme s'approche de celle de l'ouverture.

NOTES.

(*a*) Cette règle n'est pas sans exception. L'analogie a souvent conduit les chimistes à regarder comme composés des corps dont on n'avait pas encore séparé les élémens, tels que la soude, la potasse, la silice, etc. Cette exception ne pourrait-elle pas s'appliquer au vert, à l'orange et au violet du prisme ?

(*b*) Si le bleu, le rouge et le jaune sont trois couleurs élémentaires, le prisme ne doit pas pouvoir les décomposer. C'est en effet ce que j'ai observé en regardant à travers cet instrument des bandes de couleurs à l'eau. Les couleurs à l'huile ne valent rien pour cette expérience. La difficulté qu'on a de les étendre occasionne toujours des ombres d'où résultent ensuite les trois couleurs simples. On doit aussi avoir soin de n'employer que des couleurs bien pures, sans quoi on s'expose à apercevoir plusieurs nuances à travers le prisme. C'est ce qui m'est arrivé avec du chromate jaune de plomb qui contenait quelques traces de chromate rouge. Cette manière simple de vérifier la pureté de certaines matières colorantes pourra peut-être trouver plus tard quelques applications utiles dans la teinture.

(*c*) Pour produire les couleurs telles qu'on les voit représentées dans la figure 1, l'ombre ne doit pas avoir plus de 8 à 10 lignes de largeur; sans cela, on aperçoit deux séries de couleurs, l'une composée de bleu et de violet à l'extrémité supérieure, l'autre formée d'orange et de jaune à l'extrémité inférieure.

(*d*) Regardez à travers un prisme une feuille de papier blanc placée sur une autre feuille semblable, les extrémités vous en paraîtront irisées, à cause de l'ombre formée par le papier même. Mais placez cette feuille verticalement devant une seconde feuille blanche et dans la même position; regardez-en alors l'extrémité supérieure à travers le prisme, de manière à ne pas apercevoir l'ombre projetée sur la seconde feuille, cette extrémité n'offre aucune couleur.

Un trou ou une fente faits sur un plan éclairé, et regardés à travers le prisme, présentent les trois couleurs simples, bleu, rouge et jaune. La fumée, les vapeurs d'eau, d'acide, etc., vues à travers le prisme, présentent une foule d'arcs-en-ciel mobiles.

(*e*) C'est ce que fait voir l'expérience analytique du prisme; on peut aussi le démontrer par la synthèse, et faire du noir de toutes pièces. Euler a remarqué(1) que si on perce

---

(1) Lettres à une princesse d'Allemagne sur différentes questions de physique et de philosophie. XXVIIIe lettre.

d'un trou le volet d'une chambre obscure, et qu'on recouvre ce trou d'un morceau de drap rouge, le rayon rouge qui pénètre dans la chambre, tombant sur un morceau de drap vert, donne du noir. Or, le vert est composé de bleu et de jaune. Les peintres et les teinturiers savent depuis long temps que le bleu, le rouge et le jaune réunis donnent du noir. C'est d'ailleurs ce qu'on peut voir sur la figure 5, où le noir a été obtenu de cette manière.

(*f*) La figure 4 ne présente que les cinq couleurs : orange, jaune, verte, bleue et violette, et en cela, elle diffère du spectre newtonien. Mais si, comme le fait Newton, on veut admettre deux nuances de rouge et de bleu, on est conduit au même résultat.

(*g*) Dans une chambre dont les volets sont entr'ouverts, faites tomber sur une feuille horisontale de papier blanc une bande de lumière solaire, large d'environ deux pouces. Regardez cette bande à travers le prisme, l'ombre supérieure sera terminée par de l'orange et du jaune; l'ombre inféférieure, par du bleu et du violet. Si vous faites rapprocher peu-à-peu les volets, la bande de lumière solaire diminue, le bleu finit par recouvrir en partie le jaune, pour faire du vert, et vous obtenez un spectre complet.

(*h*) Toutes les couleurs sont fondues dans le spectre et vont en se dégradant insensiblement depuis le rouge jusqu'au violet, en passant par toutes les nuances rouges, oranges, jaunes, etc. Parmi toutes ces teintes, Newton a admis les plus saillantes, au nombre de sept.

(*i*) Dans cette série et dans les suivantes, l'ordre des couleurs dépend de la position de l'angle réfringent du prisme.

(*k*) Voyez la note *f*.

(*l*) Il est douteux qu'on puisse voir du rouge; c'est probablement de l'orange.

(*m*) On fait ordinairement l'expérience suivante dans les cours de physique, pour prouver que le blanc est produit par le mélange des sept couleurs simples. Sur un disque en carton blanc, on dispose toutes les couleurs de l'iris, du centre à la circonférence, en bandes étroites et dans le même ordre que dans le spectre. On doit choisir des dimensions telles que chacune de ces séries de couleurs soit complette et répétée plusieurs fois. Lorsqu'on fait tourner le carton rapidement, il paraît gris.

On connaît les couvertures de lit, en soie, faites avec des rubans éfilés de toutes couleurs; elles sont constamment d'un gris sombre.

(*n*) Voyez la figure 5.

(o) Soient *ABC*, *DEF* (fig. 11) deux prismes triangulaires égaux, composés de la même substance, dont les angles réfringens sont dirigés en sens inverse, et dont deux faces sont parallèles. Un rayon incident *GH*, tombant sur le premier prisme, abandonne la direction *GH* pour en prendre une nouvelle *HI*, en se rapprochant de la normale *ab* à la surface du prisme. Arrivé en *I*, le rayon change de direction et en prend une nouvelle *IK* qui l'éloigne de la normale *cd*. En entrant dans le second prisme, le rayon *IK* se dirige selon *KL*, en se rapprochant de la normale *ef*, et enfin, parvenu en *L*, il se dirige selon *LM*, en s'éloignant de la normale *gh*. Or, les deux lignes *GH* et *LM* sont parallèles ; car les deux prismes étant de la même substance et parallèles, on a

l'angle $PHI = RKL$

et l'angle $QIK = MLS$.

Lorsque les deux prismes sont en contact, le rayon incident *EF* suit la route *EFGHI*, de manière à ressortir en *HI*, parallèlement à *EF*. C'est ce qu'on peut facilement vérifier sur la figure 12.

(*p*) Placez un prisme de verre dans un milieu de lumière solaire, de manière que son angle réfringent étant en bas, la base supérieure soit horisontale ; vous obtiendrez deux images bien distinctes : l'une incolore, au haut de l'écran, et l'autre au bas, présentant toutes les couleurs du spectre. La première de ces images est due à la lumière réfléchie par la base supérieure du prisme. Pour vous en convaincre, vous n'avez qu'à recouvrir cette base d'une bande de papier; l'image blanche disparaît, le spectre seul reste.

(*q*) D'après la théorie de Newton, le vert-de-gris devrait paraître noir dans cette circonstance.

www.ingramcontent.com/pod-product-compliance
Ingram Content Group UK Ltd.
Pitfield, Milton Keynes, MK11 3LW, UK
UKHW020446180726
13839UKWH00004B/1663

9 782329 485584